百变小公主的装扮

主编 谭阳春

辽宁科学技术出版社
· 沈阳 ·

本书编委会
主　编　谭阳春
编　委　廖名迪　宋敏姣　贺梦瑶　李玉栋

图书在版编目（CIP）数据

百变小公主的装扮：0~3岁 / 谭阳春主编. -- 沈阳：辽宁科学技术出版社，2012.10
ISBN 978-7-5381-7611-7

I. ①百… II. ①谭… III. ①儿童—服饰美学 IV. ①TS976.4

中国版本图书馆CIP数据核字（2012）第176919号

如有图书质量问题，请电话联系
湖南攀辰图书发行有限公司
地址：长沙市车站北路236号芙蓉国土局B栋1401室
邮编：410000
网址：www.penqen.cn
电话：0731-82276692　82276693

出版发行：辽宁科学技术出版社
（地址：沈阳市和平区十一纬路29号　邮编：110003）
印 刷 者：湖南新华精品印务有限公司
经 销 者：各地新华书店
幅面尺寸：200mm × 225mm
印　　张：7
字　　数：100千字
出版时间：2012年10月第1版
印刷时间：2012年10月第1次印刷
责任编辑：王玉宝　攀　辰
摄　　影：李庆华
封面设计：多米诺设计·咨询　吴颖辉
版式设计：攀辰图书
责任校对：合　力

书　　号：ISBN 978-7-5381-7611-7
定　　价：28.00元
联系电话：024-23284376
邮购热线：024-23284502
淘宝商城：http://lkjcbs.tmall.com
E-mail：lnkjc@126.com
http：//www.lnkj.com.cn
本书网址：www.lnkj.cn/uri.sh/7611

PREFACE 前言

有很多人觉得，穿衣打扮是大人们的事情，宝宝还那么小，不用花太多心思去给她们精心装扮，其实这样的想法是不正确的。因为，一个人的穿着，代表着整体的形象；而一个人要怎样装扮，则代表了整天的心情。不管是端庄大方的经典风格、变化万端的前卫风格，还是休闲动感的运动风格、精致浪漫的优雅风格，或者是简洁大气的都市风格、自然和谐的田园风格以及充满校园气息的学院风格，每一种风格都代表着各自不凡的个性，每一种色彩都会诠释出不一样的气息。

而宝宝的穿衣色彩对宝宝的性格、情绪、审美、创造力等方面都具有决定性的作用。选对了宝宝敏感和喜爱的色彩，可以带出宝宝的良好心情，培养出平衡的性格。和谐的色彩搭配会让宝宝从小就懂得美丽来自于和谐，而不同的色彩搭配在一起会启发宝宝的创造力并激发出对生活的热情。如果大人们对宝宝的穿衣色彩还停留在“女生粉红”的认识上，那么请赶紧打开《百变小公主的装扮：0~3 岁》来寻找一些灵感，让每天的穿衣打扮成为一种艺术。

《百变小公主的装扮：0~3 岁》这本书从初生婴儿开始，一步一步教你如何根据宝宝的年龄给宝宝选购合适的衣服，如何打造出属于宝宝自己的穿衣风格。还有精彩章节写出了如何利用小饰品和不同发型来打造宝宝的百变造型，更道出了如何检测童装的安全性，这些都是家长不容忽视的，本书会一一教你如何提防这些日常生活中常见的问题，全力给宝宝营造一个自然、和谐、安全、健康、舒适的童年！

CONTENTS 目录

第1章 宝宝新衣新鞋
选购巧支招

第2章 轻松打造
宝宝的百变风格

第3章 实用单品
大展示

第4章 四季美衣大公开

第5章 为美丽加分的时尚小饰品

第6章 看我1分钟大变身

第7章 实用小知识妈妈须知道

第1章

宝宝新衣新鞋

选/购/巧/支/招

购买衣物前，小细节须了解

如何检查童装质量

如今，宝宝的衣服在市场上是琳琅满目，但是质量却是参差不齐，因此，在学会如何正确选购适合宝宝的衣服之外，学会如何对市场上的童装进行质量检查，也是相当重要且必不可少的。此外，如何正确识别童装标签对于科学地选购宝宝衣物也有很大帮助，在此为大家介绍几种质量检查和标签识别的办法。

1. 如何检查童装质量

①贴身衣服最好是以纯棉为主，不刺激宝宝皮肤。

②儿童服装的主要表面部位有无明显瑕疵，这是比较直观的，一般人在购买的时候都会注意到这点。

③查看儿童服装的各对称部位是否一致。儿童服装上的对称部位很多，可将左右两部分合拢检查各对称部位是否准确。比如从袖口大小和左右两袖长短，袋盖宽狭长短，袋位高低进出及省道长短等来逐项进行对比。

④儿童喜欢将衣服等物品放在嘴里吸咬，色牢度的检测就很重要了。

⑤注意儿童服装上各种饰物和辅料的质地，如纽扣是否牢固，拉链是否滑爽，四合扣是否松紧适宜等。要特别注意各种纽扣或装饰件的牢度，以免被宝宝吞到肚子里。

⑥还要注意衣服上是否有很尖很利的装饰物，装饰物是否会对宝宝造成伤害。

2. 如何正确识别童装标签

为宝宝选购衣服的爸爸妈妈注意了，由于近年来各地婴幼儿服装抽检不合格，因此我国出台了新的相关标准条例。从 2008 年 10 月 1 日开始，我国首部《婴幼儿服装标准》正式实施了，标准中凡涉及婴幼儿服装安全方面的条款均为强制性规定，主要有以下几条：

①量化指标：《婴幼儿服装标准》规定婴幼儿服装服饰中的可萃取重金属含量中，砷含量不得超过每千克 0.2mg，铜不得超过每千克 25mg，最受家长们关注的甲醛含量必须小于或等于每千克 20mg。

② pH 值：考虑到婴幼儿的肌肤比成人娇嫩，因此国家标准将 pH 值限定在 4.0~7.5 之间，并禁用可分解芳香胺染料，不得存在异味。

③不可干洗：《婴幼儿服装标准》特别强调，因干洗剂中可能含有刺激婴幼儿皮肤的物质，婴幼儿服装必须在标识上注明“不可干洗”。

除此之外，《婴幼儿服装标准》还强制性规定了优等品、一等品、合格品在色牢度等方面分别应达到的要求。

服装号型标识

号型标识就是服装规格代号，与宝宝们自身的身高肥瘦相匹配，只有选择合适号型规格的服装，才可能穿着合适。号与型之间用斜线分开，如上衣 140/64，表示适合高 140cm、胸围 64cm 左右的儿童穿着。

怎么样才能为儿童选择一件合体的童装呢？便捷的方法是让儿童直接试穿或进行精确测量，但是如果儿童不在场或无法测量时，只知道孩子的身高要怎样才可以通过计算选择合体的儿童服装呢?

一般情况下，儿童服装尺寸如下：

大童：XL：58~60cm ;

中童：XL：50cm;

中小童：XL：45cm;

小童：XL：35cm。

教您看懂服装标识

商标和中文厂名厂址

制造商只有明确地标注了商标和厂名、厂址，才确立了其对该产品负责的义务。无商标和中文厂名、厂址的产品，极有可能是非正规厂家生产的产品或假冒产品，价格一般较低，消费者很容易上当受骗，切记不要选择这类产品。

成分标识

主要是指服装的面料和里料的成分标识，各种纤维含量百分比应清晰、正确。有填充料的服装还应标明其中填充料的成分和含量。

洗涤标识的图形符号及说明

一般制造商根据选用的面料，会相应地标注服装的洗涤要求和保养方法，消费者可依据厂方提供的洗涤和保养方法进行洗涤和保养，如出现质量问题，厂方应承担责任。反之，如消费者未按照制造商明示的方法进行洗涤而出现问题，消费者应自负责任。

服装号型标识

如何为宝宝选购新衣新鞋

如何为宝宝选购新衣

每一个宝宝的出生，都会给家庭带来无尽的喜悦，同时，一个家庭的忙碌生活也就由此开始了。要给宝宝准备的东西是很多的，其中很重要的一项就是给宝宝买衣服。可是刚出生的宝宝皮肤比较娇嫩、敏感，而且生长也比较快，宝宝的衣服和鞋帽的选购不仅复杂，对于宝宝的健康成长来说也非常重要，那么，家长该怎么为宝宝选择衣物？衣服要选择什么样的面料？又要选择什么样的款式才好呢？针对这些问题，我们给大家列举了一些为宝宝选购各种衣服以及鞋子的方法和注意事项。

小宝宝的外套最好不要有易脱落的饰物或复杂的设计，以免不易清洗或造成刮伤，同时也要避免纽扣等小物件被宝宝吞食。而作为小宝宝的外套还有一点就是要容易穿脱，式样最好是和尚领、斜襟，可以在一边打结，并且胸围可以随着宝宝长大而随意放松。此外，由于小宝宝的脖颈短，容易溢奶，这种上衣便于围放小毛巾或围嘴，而有系扣的地方选用粘带要比纽扣好。

在面料上，除了棉，有一种比较常见的面料是绒，有棉绒、摇立绒等各种绒，购买的时候要注意质量，有些绒是容易起球掉毛的，这样的绝对不行。还有灯芯绒，有些虽然也是全棉的，但是灯芯绒特别容易沾毛，而且很难洗掉。基本上绒面的衣服都容易沾毛，所以基于舒适度和清洁角度讲，光面的全棉衣服是比较适合小宝宝的。

现在还有很多冬装都采用了防水的高科技面料，这种面料易擦洗，很适合喜欢运动的宝宝。

如何为 1~3 个月的宝宝选衣服

1~3 个月的宝宝体温调节功能不完善，皮肤娇嫩而且抵抗力差，他们的活动量较多，出汗多，如果选择的衣服不合适，有害物质易通过娇嫩的皮肤侵袭宝宝的身体，增加感染的机会。所以，为 1~3 个月的宝宝科学地选择服装，对宝宝的身心健康有重要意义。

1. 衣服的质地

要选择保暖、柔软及吸湿性良好，颜色以浅色为主，容易洗涤的棉质衣料。

与棉质材料相比，化纤品、毛织品对皮肤有刺激性，容易引起过敏性皮炎或丘疹样荨麻疹，因此，穿这类材料的衣物不要直接接触皮肤。

2. 衣服的式样

应以宽松、简单为宜。要求穿脱方便，不宜太小，因为新生儿四肢常呈屈曲状态，袖子过于窄小则不容易伸入，要以不妨碍活动为准。而且 1~3 个月的宝宝颈部较短，衣服应选择没有领子或者是斜襟的“和尚服”，最好前面长些，后面短些，以避免大小便污染。

衣裤上不宜钉纽扣或按扣，以免损伤宝宝的皮肤或被误服，可用带子系在身侧。衣服的袖子和裤腿应宽大，使四肢有足够的活动余地，并且便于穿脱和换洗。宝宝的胸腹部不要约束过紧，否则会影响胸廓的运动或者造成胸廓畸形。

如何为 4 个月的宝宝选衣服

许多年轻的爸爸妈妈在为婴儿选衣服时往往拿不定主意，有的妈妈选择耐磨、易洗、易干的化纤布料衣服，有的妈妈则选择柔软舒适的棉质布料衣服。那么，到底选择什么样的服装好呢?

4 个月的宝宝在娇嫩程度上跟 1~3 个月的小宝宝很类似，因此根据宝宝皮肤细腻、容易受损伤、体表面积相对比成人大的特点，宝宝的内衣应选择质地柔软、透气性能好、吸湿性强的棉织布料，样式也要简单、大方，易穿易脱。化纤布料对宝宝的皮肤有刺激性，容易引起皮炎、瘙痒等过敏现象。宝宝的外衣则可选适当的化纤布料，因为化纤布料易洗、易干，鲜艳的颜色可以刺激宝宝眼底神经的发育。衣服的设计也要简单、大方，易穿易脱，还要防止束胸，以免影响宝宝发育。

4 个月以后的宝宝可自行在床上活动了，因此为了安全舒适着想，衣服款式要适当，尤其内衣不宜有大纽扣、拉链、扣环、别针之类的东西，以防损伤婴儿皮肤或吞到胃中。可适当选择布带代替纽扣，但要注意内衣布带不要弄到脖子上，防止勒伤宝宝。

大部分家长都愿意用松紧带作裤带，但是要注意经常检查。因为宝宝腹壁脂肪薄，伸缩性大，如果空腹时裤带系得合适，吃饱奶后，肚子鼓鼓的，裤带就显得紧了。由于婴儿期是腹式呼吸，这样便会影响呼吸，长期下去会造成肋缘外翻、胸壁畸形，甚至影响发育。裤带的松紧最好按饱腹时的标准，并在裤腰两侧缝一条布带，以备空腹时防止裤子掉下来。为了不影响宝宝的正常呼吸，宝宝穿背带裤最理想，但要注意背带不要太细，以 3~4cm 宽为宜，可以略长一点儿，宝宝长高后可随时放长带子，不至于影响其生长发育。

如何为5~9个月的宝宝选衣服

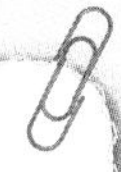

当宝宝5~6个月时，他们的身体长了，也胖了，运动量也明显增多，他们的小手也总是喜欢拽点什么东西，这时，系带子的宝宝装常让他拽得七扭八歪，小小的宝宝装似乎已经不能适应长大了的宝宝了。但是，宝宝的小脖子依然很短，穿衣时也不会配合，所以穿套头衫还嫌早。这时的宝宝比较适合穿连体的宽松的“爬行服”和开襟的按扣衫，以方便其活动。

夏天，宝宝可以穿背心短裤，还比较方便。

如果天冷，就要准备夹衣、毛衣和棉衣。当然，为了穿脱方便，毛衣最好选择开衫，袖子不要太紧。

如何为7~9个月的宝宝选衣服?

7~9个月的宝宝正是练爬的时期，他们好动、易出汗，但生活不能自理，衣服易脏易破。所以，春秋季节的外衣料要选择结实、易洗涤及吸湿性、透气性好的织物，如涤棉、混纺等，而纯涤纶、腈纶等布料虽然颜色鲜艳、结实、易洗、快干，但吸湿性差，易沾尘土、脏污。而在夏季，穿着这类衣服宝宝会感到闷热，会生痱子，甚至发生过敏反应。应选择浅色调的纯棉制品，基本原则是吸湿性好及对阳光具有反射作用。

因为内衣直接接触到宝宝娇嫩的皮肤，而且宝宝的体温调节机能差，新陈代谢快而出汗多，所以，内衣应选择透气性好、吸湿性强、保暖性好的纯棉制品。家长们还应注意，新买的内衣要在清水中浸泡几小时，清除衣服上的化学物质，以减少对宝宝皮肤的刺激和机械性磨伤。内衣不宜有纽扣、拉链及其他饰物，以防弄伤皮肤。衣服款式以宽松舒适为宜。

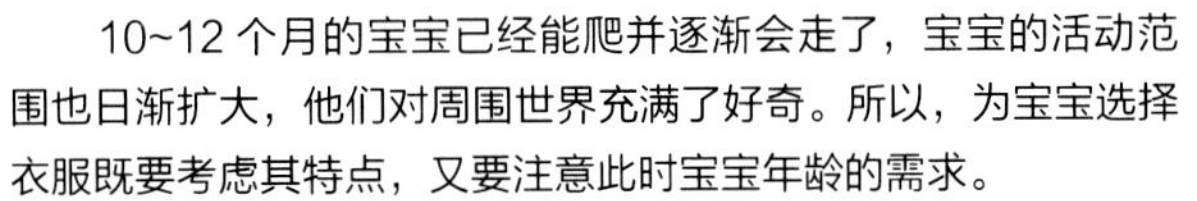

10~12 个月的宝宝已经能爬并逐渐会走了，宝宝的活动范围也日渐扩大，他们对周围世界充满了好奇。所以，为宝宝选择衣服既要考虑其特点，又要注意此时宝宝年龄的需求。

1. 给宝宝选择衣物是大多数母亲喜欢做的事，父母喜欢买漂亮衣服用于特殊的场合，但不必为此花费大量的金钱，其实买些经济实惠的衣服，或亲手缝制将更实用、更有乐趣。另外，宝宝活泼、好动，衣服易脏，换得也勤，因此，一定要有足够的衣服才能应付宝宝的需要。

2. 为宝宝购买或缝制衣服时，尺码应稍微大一些，这样不会影响宝宝的生长发育。

3. 衣料的选择要柔软、舒服，易于洗涤，质地不易燃，如纯棉的、纯毛的，同时还要避免较硬的质地或粗糙的做工。

4. 衣料的颜色应选不易褪色的，少选白颜色。因为白色容易脏，而且洗涤时容易被别的颜色浸染。

5. 前面开口向下或宽圆领的衣服最好，因为宝宝不喜欢被衣物遮着脸部。

6. 领口有纽扣的衣服耐穿，宝宝长大了衣服不合身，往往是因为头不能穿过领口，如果是纽扣领的衣服，仅需要解开纽扣，宝宝的头便可探出。

7. 婴儿罩衫和连衣裤仍适于本年龄段的宝宝，也较容易制作。背带裤和连衣裙很适合 10~12 个月的宝宝穿，这也是学步的理想服装款式。

如何为 10~12 个月的宝宝选衣服

如何为宝宝选购内衣

在内衣的选购上，如果是 6 个月以内的宝宝，因为他们的头部发育尚未稳固，父母在选购时，最好选择前开襟的衣服，这样便于穿着。6 个月以后的宝宝，脖子己较稳固，可选购套头服装，但由于宝宝脖子较为粗短，内衣的领口最好选择较大的开口设计，以免穿上后经常摩擦宝宝的脖子。由于宝宝的皮肤格外娇嫩，因此也一定要为宝宝选择质地柔软、吸汗、透气的内衣，不要有太复杂的设计。另外，宝宝溢奶的频率较高，所以内衣一定要多备几套。

在宝宝内衣的选购上，还有几个需要重视的问题：

首先就是连体与分体的问题，连体内衣优点在于不勒肚子，穿起来方便，也不会让肚子着凉，对于用纸尿裤的宝宝来说比较合适。分体内衣则适合用布尿布的宝宝，开裆裤换起来会比较方便。

其次就是连脚不连脚的问题。天热的时候不连脚的好，不会影响发育，因为连脚的衣服容易被卡住或者太短而影响宝宝的发育。天冷的时候，不连脚的衣服容易缩上去，露出腿肚子，因此天冷的时候最好还是用连脚的，就是尺寸需要稍大一点，免得影响宝宝蹬腿长高。如果对于宝宝长高问题仍有担心的话，还有另外一种方案，就是穿不连脚的衣服，再给宝宝配上中筒袜和长一点的袜套，这样宝宝的保暖和长高问题就都解决了。

最后，给每个宝宝准备 6~10 套睡衣裤，这样就不会因为宝宝尿湿或天气原因致使宝宝没有可以换洗的睡衣裤。在睡衣裤的选择上，可以选择有弹性的连脚睡衣裤或睡袍，睡袍的好处就是换尿布更方便，大一点儿的婴儿穿睡袍也可以更自由地活动。

如何为宝宝选购裤子

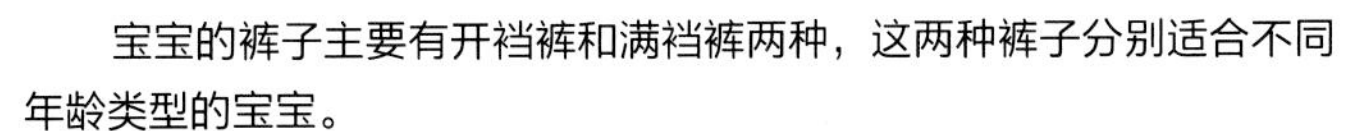

宝宝的裤子主要有开裆裤和满裆裤两种，这两种裤子分别适合不同年龄类型的宝宝。

1 岁以内的宝宝，为了方便照顾最好给宝宝选择开裆裤。宝宝第一年长得很快，哪怕是秋天和冬天，也在不停地茁壮长个儿，所以，衣服首先要宽松一点，开裆裤也要选择宽松一点的，最好还是棉质的，既吸汗液又不会引起皮肤过敏。

小宝宝的开裆裤主要有两种：侧开口的适合腿还伸不直的小婴儿，方便他们穿着；另外一种则是衣服上有一块垂片，可以把尿布别在上面的，这对不喜欢给宝宝用尿不湿的爸爸妈妈很有帮助，因为它能防止尿布掉下来，这种单片式的衣服最大的优点是可以防止宝宝的肚子着凉。需要注意的是，如果是肩上开口的，按扣一定要结实牢固。

对于大宝宝们来说，衣裤最好是能穿套装，而且最好是带帽子的那种，帽子最好还可以拆卸。1 岁以后的大宝宝们已经开始有自己的独立意识，正常情况下也开始慢慢不再需要尿不湿，因此大宝宝们在选择裤子方面可以穿满裆的，当然也不排除有一些宝宝一时无法适应，因此也可以先准备两条两用的过渡一下，质地当然最好是全棉的。

宝宝衣服颜色
选购要点

在服装颜色和风格的选择上，我们应该注意，沉闷、无条理的搭配，不仅穿着不舒服，更能直接影响到宝宝的心情。清新自然的衣服，会让宝宝感到轻松和舒适。而亮丽多彩的衣服，则能彰显孩子活泼的天性。

研究发现，粉色、淡黄色、浅绿色能使人感到轻松愉快，可以作为孩子衣服的基本色调。红、橙、黄等属于暖色组，暖色常与热力和阳光等概念相联系，使人容易产生兴奋、热情等感觉。暖色能反射较多的光线，在视觉上可以放大事物的外形，因此暖色宜作为衣服上适当的点缀。纯白色和纯黑色的衣服尽量少购买，因为黑色容易使人感到疲劳和沮丧。白色虽然看起来干净，但可能使宝宝感到紧张，对宝宝形成活泼开朗和乐观向上的性格有一定的影响。

如何为宝宝选购鞋子

由于宝宝的脚掌十分柔软，而且生长速度快，所以在选购鞋子时一定要注意是否合脚，不要妨碍宝宝的足部发育。

婴儿期的宝宝还不会走路，在选购时一定要选购材质柔软且具有保暖性的童鞋。学步期的宝宝，合脚、防滑的平底鞋是最佳的选择；2 岁以上的宝宝活动量很大，不妨选择保护性强的运动鞋；3 岁左右的孩子跑和跳的机会较多，可选择扣带设计的鞋子，避免鞋带松脱时孩子被绊倒。

还有，鞋子要有足够的弹性而且符合宝宝的脚型，可以适度弯曲。鞋子空隙以不超过 3cm 为原则，不宜过大。在宝宝的脚型还没有固定前，不要给宝宝买有跟或造型太奇怪的鞋子。鞋头要宽阔、厚实，鞋身不宜过大或是带网眼的，鞋底防滑性要好，牛筋底是个很好的选择。给宝宝买新鞋，适宜选择有良好透气性且吸湿性强的软牛皮、羊皮或布面鞋。

另外，在宝宝穿鞋方面，有一些误区也是家长们需要特别注意的。

误区一：儿童长期穿旅游鞋。

很多家长认为穿旅游鞋很健康，让孩子整天都穿旅游鞋。但他们不知道的是，由于旅游鞋多采用合成革及二层皮制成，透气性差。儿童活动量大，脚大部分时间处于湿热状态，不仅容易产生细菌，还会出现脚臭、脚气，严重的还会导致足底肌肉松弛，无力支撑足弓，削弱足弓抗震能力，甚至出现扁平足。

误区二：习惯光脚穿鞋。

儿童的皮肤比较敏感，如果经常光脚穿鞋，鞋的材料、胶粘剂、涂饰剂等会刺激皮肤，引起疾病。所以在选择必须光脚穿的鞋时，应到正规商店购买，选择质量有保证的。

误区三：盲目跟着潮流走。

尖头鞋潮流已经风行几年，不少家长给小姑娘也穿上这样的鞋，显得很时髦。但是，长期穿尖头鞋，会使脚的压力集中于前脚掌，迫使脚拇指外翻，而脚拇指外翻会引起头晕、脑供血不足、血压不稳、头痛、颈椎弯曲、内分泌紊乱等。所以，给宝宝选择一双合适的鞋子是极其重要的。

如何为小宝宝穿衣

父母给宝宝选购和搭配衣服已经是一件很费心费神的事了，选好配好之后还有一件很重要的事情就是应该如何给宝宝穿衣服。小宝宝年幼娇嫩，又充满活力活泼爱动，生活起居不仅不能自理还会因为不会配合而给父母带来一些小麻烦，因此，学会如何给宝宝穿衣服也是一门大学问，在这里就给大家介绍几个给宝宝穿衣服的小技巧。

1. 父母给新生儿穿衣的技巧：

先将衣服平放在床上，让新生儿平躺在衣服上，然后将他的一只胳膊轻轻地抬起来，先向上再向外侧伸入袖子中，将身子下面的衣服向对侧稍稍拉平，准备再穿另一只袖子，这时抬起另一只胳膊，使肘关节稍稍弯曲，将小手伸向袖子中，并将小手拉出来，再将衣服带子系好就可以了。

也可以先让新生儿躺在床上，大人的手从衣服的袖口伸到袖子里，从衣服的袖子内口伸出来，大人的另一只手将新生儿的小手抓住并送入大人袖子里的手中，再将小手拉出来，用同样的方法将另一只袖子穿上。注意：在拉小手时要注意动作轻柔，以免损伤新生儿的手臂。

2. 给宝宝穿裤子则比较容易，大人的手从裤脚管中伸入，拉住小脚，将裤子向上提，即可将裤子穿上了。

穿连衣裤时，先将连衣裤解开扣子，平放在床上，让新生儿躺在上面，先穿裤腿，再用穿上衣的方法将手穿入袖子中，然后扣上所有的纽扣即可，连衣裤较方便，穿着也较舒服，保暖性能也很好，是非常适合小宝宝的款式。

3. 父母给宝宝穿衣服的时候还应该注意以下两点：

①宝宝到了 3 岁应该给他穿满裆裤了，因为这时候的宝宝活动范围大，接触到的环境也很多，小屁屁经常暴露在外容易感染或者患上肠道寄生虫病。

②给孩子穿袖子的时候，可以让宝宝把手握成拳头，这样容易穿过袖子，不至于让小指头被袖子牵绊。

第2章

轻松打造

宝/宝/的/百/变/风/格

糖果色系公主套装

蓝蓝的天空下，微风轻抚，这样的时刻，给宝宝穿上小圆点的打底衫和粉蓝色的蓬蓬纱裙是最适合的。瞧！宝宝正拿着海螺在听大海说话。

甜美公主风

何以秋水一泓，冰心一片造就了你?

你笑，可入画，灿如红莲一朵。

你临风，可入诗，可让人低回吟咏。

可爱的女孩，你是一道最美丽的风景。

每个女孩子从出生开始，妈妈就把她当成是家里的小公主，会给她一个完美的童年，让她像童话中的公主一样长大。并且妈妈也希望，即使当她长大以后，仍然要做最美的公主。

蕾丝公主套装

↓高领的蕾丝裙显得很贵气，整条裙子都是由蕾丝构成的，搭配上西瓜红的开衫，优雅气质立现，蕾丝和花边的完美组合呈现出一个最美的小公主。

粉色百搭公主裙

↑这是一款甜美的公主裙，可以在炎热的夏天给宝宝带来无限的凉爽与快乐。腰间唯美的蝴蝶结诠释出整体的可爱与活泼，更具有公主般的气质风范。飘逸、自如，时刻彰显优雅的小淑女气息。如果再搭配一双凉鞋，能更好地提升整体的高雅与大气。

邻家乖乖女套装

↓独特的线衫，搭配吊带裙简直美翻了，如果搭配一条裤子就会显得比较淑女。

日韩小淑女套装

↑可爱的板型，体验独特的韩国风格韵味，甜美、清新又优雅。肩颈处的褶皱工艺设计尽显灵动之美，暖暖的颜色在不经意间散发出暖意。有着无限活力的蓬蓬裙，随处彰显高雅气息，打造出与众不同的气质。

民族风情外套

←绣花的设计，有点乡村风的感觉，十分别致。鉴于绣花的特性，所以衣服不是很厚，如果天气较冷，可以里面搭配羽绒内胆穿着，这件外套可穿时间较长，秋末和初冬都可以穿。

↓春秋季节，可以给宝宝在里面搭配上带蓬蓬裙的打底衫，咖啡色低调而又沉稳，与外套的颜色非常搭。

帅气复古套装

毛领灰色纹路呢子大衣，搭配一双黑色短靴，帅气而张扬，戴上一顶复古鸭舌帽，很有旧上海滩的感觉。

帅气英伦风

简约毛领风衣

↓圆毛领风衣，极具甜美公主气息，搭配毛绒边打底裤，温暖而时尚。冬日的午后，搭配一双简单大方的雪地靴和深色系的帽子，这样小公主的气质立刻就显现出来了。

英伦条纹格子套装

←格子装永远是英伦学院风的经典代表，搭配白底图案卫衣和个性板鞋，宝宝的气场超强。帅气的装扮，一个好发型也是不可或缺的。

简约格子套装

↓格了的魅力就在于，无论怎么搭配都可以，而且风格各异。

斑马拼接纱裙

条纹斑马装搭配蓬蓬纱裙在彰显青春活力的同时，也完美地表现出了小女孩的可爱，小红皮鞋更添甜美气息，是一套非常适合踏青的春日出游装。

冬日保暖套装

↓很有欧美大牌风范的一件外套，毛绒绒的内里很保暖，适合天气冷的时候穿，红色的内衫和同色系的帽子，给宝宝营造出冬日的温暖。

休闲复古套装

这套搭配迎合孩子活泼好动的个性，休闲中带着复古的韵味，宽松中体现出时尚的元素，穿上它，让孩子在春天自由绽放。

欧美休闲风

简约休闲套装

妈妈说，今天要带我去逛街，我都已经准备好了。简单的打底衫，柔软的面料尽显优雅淑女气息。没有过多的装饰，简单又不失自然。搭配一条素色的裙裤，再戴上可爱的橘色菠萝帽，让我在阳光下时刻散发甜美可爱，走在街上，我绝对是最引人注目的女主角。

气质女生套装

↓非常有气质的上衣，面料类似麻纱，透气性很不错，搭配开衫、套头衫或者马甲都不错。

甜美休闲套装

↑中性的T恤怎样穿出小女孩的甜美呢，很简单，只要搭配一条蓝色的蓬蓬裙就好了，天空般的蓝色，可以更好地衬托出小女孩的纯真无邪。

可爱小宝宝套装

↑休闲的绿色蝙蝠衫，胸前有大大的纱质花朵装饰，点缀力很强，搭配上经典的格子裤，穿上一双可爱的兔兔鞋，无论什么时候，宝宝都是可爱无敌的。

大牌气质达人套装

虽说黑色会显得暗沉，但只要搭配得恰当，也能呈现出不一样的感觉。妈妈给宝宝搭配上一条复古的围巾和豹纹靴子，有了围巾上跳跃的色彩和豹纹的装饰，宝宝一样显得活力无限，看她的超级无敌五连拍。

阳光小女生套装

←变换多彩的 T 恤总是能给宝宝带来更多的惊喜，选择一条灰色的打底裤，简洁的款式却能散发出不凡的大气范儿，一双印有大大笑脸的靴子，给整体添加了很多欢乐。

休闲套装

↓简单的休闲运动装，舒适的穿着感会让宝宝更开心。

日韩运动风

↓同样的蓝色卫衣，搭配素色长裤和笑脸靴子，再给宝宝戴上一条火红的围巾，运动装也平添几分甜美的味道。

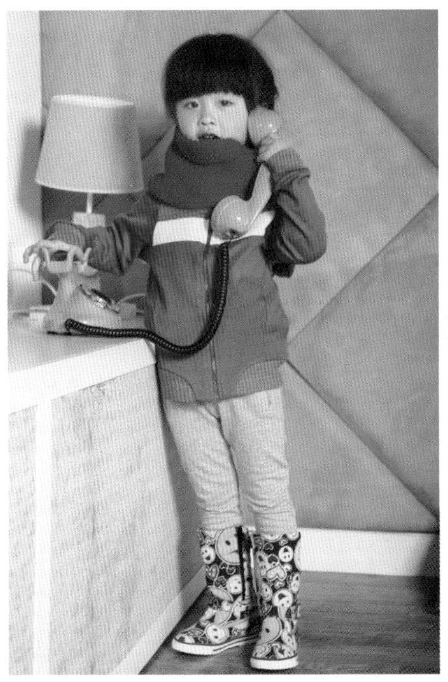

变化的蓝色卫衣

↑蓝色卫衣加上红白条纹，运动中凸显健康活泼的气息，是一款非常经典的休闲服饰，下面搭配运动休闲款的裤子或裙子都很给力。

↑这算是一件经典款的外套了，拉链的设计很方便宝宝穿脱，无论是春天还是秋天都很百搭，休闲运动味十足。

↓宝宝的鞋子，最重要的是舒适程度，而这样一双鞋，材质舒适、透气性好，穿着非常舒适，上面可爱而又具有喜感的图案更是宝宝的大爱。

米字图案细毛圈开衫卫衣

↑经典米字图案的外套，搭配卡其色的裤子，外加一顶红色帽子，低调中又带着宝宝应有的活泼，整套搭配比较中性，下面搭配纯色的裤子会更好。

↓简约款的帽子，基本上没有装饰，只是在帽子的边缘加入了一些金属元素，帽子的质感就立刻提升不少，搭配休闲装或运动装都可以。

↓两色拼接的T恤很别致，妈妈给宝宝搭配了同样风格的拼接长裤，使整体显得很协调。

日系中性套装

↑在这套装扮里妈妈只不过是给宝宝多加了一顶卡其色的鸭舌帽，两组装扮的风格就完全不一样了，前面那一套是阳光小女生，而这套则是有点酷酷的中性美了。

上学乖宝宝套装

字母卫衣套装凸显活泼气息，裤子上的大口袋又有着鲜明的个性元素，膝盖处的收束设计，既方便穿靴子也增添了时尚元素。最后，妈妈一定要记得给宝宝绑一个可爱的发型。

冬日上学必备套装

↓超喜庆的大红色棉马甲，里面是暖暖的毛绒，很亲肤。妈妈给宝宝搭配了一套休闲的卫衣，宽松的款式很舒适，加上脚上超暖的雪地靴，无论是出去逛街还是和小伙伴玩，宝宝绝对是人群中的亮点。

简约学院风

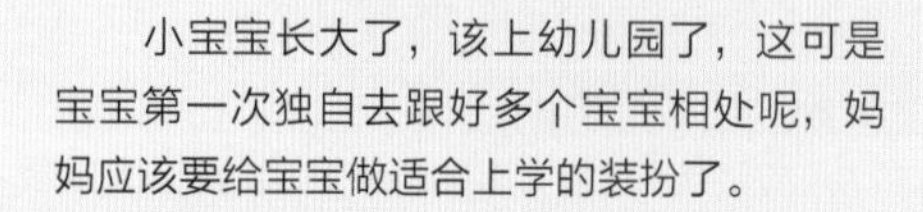

小宝宝长大了，该上幼儿园了，这可是宝宝第一次独自去跟好多个宝宝相处呢，妈妈应该要给宝宝做适合上学的装扮了。

中性学院风套装

↓鸭舌帽、卫衣和休闲裤搭配出完美的帅气感觉，裤子上的毛边及红色部分张扬出酷酷的个性，而红蝴蝶结三角巾与红色波点蝴蝶结短靴与裤子搭配得相得益彰，同时又打破了中性的刚硬，融进甜美学院风，刚柔并济，是非常成功的混搭。

甜美小公主套装

↑玫瑰花边领子的粉色连衣裙是最适合小公主的装扮，韩版风衣甜美而淑女，豹纹圆头鞋与半截袜使得整套搭配甜美之余时尚感十足，头上的玫瑰花装饰也是凸显甜美感所必不可少的单品。

街头嘻哈套装

白色T恤印有美国国旗，于简单中增添了几分个性，左裤筒高卷的深卡其色休闲长裤正是塑造嘻哈风的点睛之笔，而麻花辫与卡通图案圆头鞋又尽显小女生的俏皮。

个性套装

↓骑士风格的净版白色T恤与休闲牛仔裤和铆钉凉鞋的搭配，非常到位地演绎出了与众不同的个性色彩，复古的骑士装与铆钉鞋又衬托出宝宝古典的优雅气质。

时尚达人风

现如今，生活条件越来越好，妈妈们对宝宝的穿着打扮已经不仅仅满足于好看，年轻的妈妈们更想让宝宝穿得与众不同，既好看又能在众多宝宝中脱颖而出。于是，当我们漫步在街头，越来越多的街头小潮宝就一一映入眼帘了。

棒球小子套装

↓冷色系的基调，融入流行的格子元素，颇具匠心地搭配棒球帽，让宝宝显得很俏皮，走在街上绝对吸引众人目光。

冬日毛绒套装

↑毛绒边中长款 T 恤和打底裤，搭配同样毛绒领的格子棉马甲，简约甜美而别有一番风味，鲜亮的橘色帽子给全身增加了一个亮点，宝宝的甜美气质悄然散发。

军绿色衬衣

军绿色的衬衣怎么看都很美，穿上它会让宝宝变得很有英气。

黄色垮裤

黄色的垮裤，简单而又时尚，宽松的板型让宝宝穿着更舒适。

混搭潮人套装

↑格子、衬衣、垮裤、雪地靴，妈妈的混搭功力可是超强的，将几种流行元素搭配在一起，潮范十足。

活力宝宝套装

↓大大的花朵T恤，外搭一件小马甲，一双黄色的短靴又提升了整体的亮度，让宝宝活力四射。

时尚潮流代表作

↑格子衬衫是永不衰退的经典，搭配一条最简单的牛仔裤就已经足以让宝宝潮味十足了。

第3章
实用单品

大/展/示

拼贴设计 T 恤

↓这件 T 恤胸前独特的设计很新颖，淡雅的颜色能更好地打造出甜美气质。

百搭天王
——T 恤、衬衣

一款简单的 T 恤或者衬衣，往往能搭配出多种不一样的风格，现在，就让我们来走进宝宝的衣橱，看看小公主究竟拥有怎样的美衣。

简洁款上衣

↑T恤是简洁大方的款式，甜美的蕾丝和花朵是衣服的亮点，无论是单穿还是打底穿都很合适。

蕾丝中长款上衣

↑甜美的小碎花，休闲中不失可爱，将清新淑女风演绎到底。

小碎花T恤

↑高领蕾丝设计，让整体散发出公主般的气质感，淡淡的绿色，很有春天的气息。

仙女款上衣

↑很有仙女风的一件上衣，领口飘逸的丝带，诠释出整体的可爱与活泼。

纯净白色蕾丝上衣

←纯美而干净的白色，象征着宝宝的天真无邪，领口大面积的蕾丝面料，让衣服整体显得很甜美。

裙式下摆娃娃上衣

独特的裙式下摆让衣服更加可爱，浅浅的蓝色，尽显衣服的纯净和优美。

小圆点上衣

小小的圆点布满整件衣服，胸前的小口袋和布偶显得非常甜美可爱。

小圆点大领衬衣

非常简单的款式，小波点的点缀让整件衬衣更有活力，领口的珍珠点缀则提升了衣服的奢华感。

春款碎花田园风长袖衬衣

精致的翻领将整体的大气感体现出来，小碎花元素的添加，让衬衣多了一些田园感，看上去更有活力。

格子休闲衬衣

这是一款简单而且经典的格子衬衣，只要搭配一条简单的长裤就可以了。

绿色小纱裙

↓绿色给人安静的感觉，结合蓬蓬半身裙，是一款很淑女的单品，蓬松的设计更是能博得小公主们的喜爱。

吊带打底纱裙

一条完美的蓬蓬纱裙，不仅面料柔软，适合贴身穿着，裙子的色调也显得干净又甜美，就像邻家小女孩，很清新的感觉。

百变单品——裙子

优雅款纱裙

↓一款优雅的连衣裙总是能带给人不一样的视觉效果，这条裙子纱质的裙摆非常飘逸，搭配上黄色的袜套，让整体更加明亮。

气质款黑色裙子

↑别以为素黑的裙子就不好看，妈妈给宝宝搭配一条白色的打底裤，外加有金属质感的鞋子，再用大红色的包包提升整体的亮度，整体装扮同样很漂亮。

喜庆红色裙子

↓红裙白开衫加上红色单肩挎包，很有几分 OL 的气质，红色的帽子和暗色系的鞋袜，与全身气质相得益彰。

蓝色蓬蓬裙

↑泡泡袖复古公主上衣，搭配蓝色蓬蓬裙，极具贵族气息，涂鸦短靴和草帽给宝宝增添了不少甜美气息，是一套非常适合春日踏青的装扮。

团扣连衣裙

大裙摆的连衣裙，最特别的是胸前的纽扣，闪耀着金属光泽的纽扣，像珍珠一样，提升了整体的气质感。

蕾丝娃娃裙

嫩粉色开摆连衣裙是公主的最爱，褶皱衣袖更添特色，腰间的绑带可以起到修身效果。

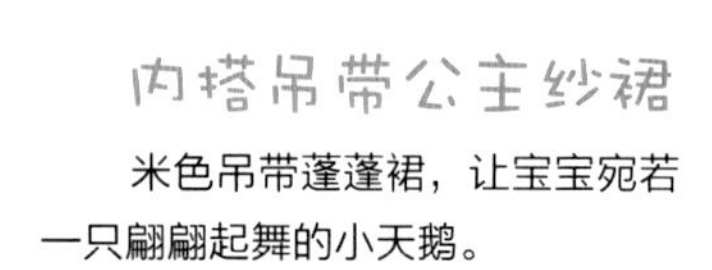

内搭吊带公主纱裙

米色吊带蓬蓬裙，让宝宝宛若一只翩翩起舞的小天鹅。

蛋糕裙

3 层的蛋糕裙摆，每一层都彰显着公主般的可爱，带打底裤的设计让宝宝可以在春秋穿着。

百搭款半身裙

很有民族风情的半身裙，非常百搭。

皮质小斗篷

↓很特别的斗篷装，皮质的面料很有质感，只要搭配一条简单的长裤就能将潮范很好地表现出来。

华贵酒红色外套

暖色系的颜色，能让宝宝感觉更温暖。胸口大面积的蕾丝设计，彰显出高贵的气质，毛茸茸的袖口点缀更显华贵。

百搭单品——外套、开衫

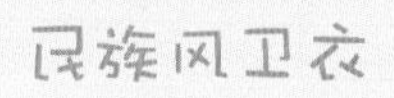

民族风卫衣

↓一款好的卫衣是宝宝衣橱的必备，这件卫衣上可爱的图案充满了童趣，两侧的小口袋，时刻温暖宝宝的双手。

枚红色毛绒外套

↑明亮的枚红色能带给宝宝好心情，毛茸茸的面料既舒适又保暖，搭配一条蓬蓬裙，整体显得更干净利落。

果绿色开衫

一款很简洁大方的开衫，可随意搭配服装，非常实用，不用太多的装饰，衣服本身的设计就足以让整体都变得高雅起来。

潮流单品
——打底裤

粉红色毛绒打底裤

淡淡的粉红色打底裤是加厚款的，裤脚处的毛绒设计很可爱，可随意搭配任何衣服。

蓝色花边打底裤

↓天空般纯净的蓝色很赏心悦日，夏季穿着很舒适。

蓝色花边打底裤

↑一条彩色的打底裤可是夏日不可缺少的，这条蓝色的花边打底裤，没有任何多余的装饰，裤子上的花边足以突出小女孩的可爱，柔软的布料也让穿着者倍感舒适。

春秋款打底裤

春秋季必备的打底裤，它不仅保暖，而且容易搭配。裤脚处的褶皱设计简单又不张扬，静静地散发着它特有的优雅。

高雅黑色打底裤

黑色的打底裤，上面的小圆点跳跃着，体现着飞扬的活力。裤脚的毛绒设计非常别致，犹如公主般的高雅。

糖果色打底裤

糖果色来袭缤纷夺目，绚丽的颜色可以穿出新鲜感和时尚感。

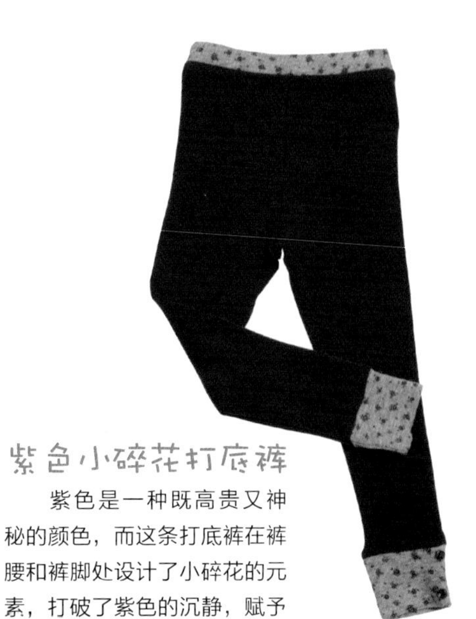

紫色小碎花打底裤

紫色是一种既高贵又神秘的颜色，而这条打底裤在裤腰和裤脚处设计了小碎花的元素，打破了紫色的沉静，赋予了整条打底裤新的活力。

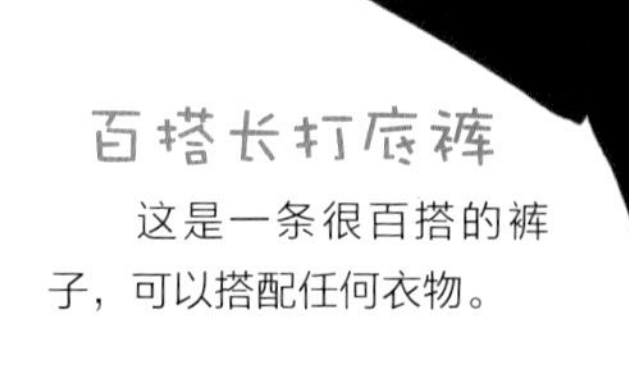

百搭长打底裤

这是一条很百搭的裤子，可以搭配任何衣物。

简约大气休闲长裤

素色长裤是衣橱的必备款，无论搭配什么衣服都很好看，为了不显得单调，设计师特意在长裤上加上了褶皱晕染的效果，看上去更加时尚。

长裤是永恒的潮流，一年四季都在不停地变换着，给宝宝准备各种各样的长裤，让她们的衣橱闪亮起来吧！

衣橱必备——长裤

休闲格子裤

经典的格子裤时尚感十足，人性化的松紧带设计更方便穿着。

学院风条纹裤

条纹本身就带有独特的学院味道，为了在条纹裤上体现宝宝的可爱，特意在裤脚的位置添加了彩色动物图案，让整体更加灵动。

咖啡色休闲长裤

咖啡色的长裤，不需要过多的装饰，裤腿上的不同色布拼接就足以让整条长裤变得很前卫。

复古民族裤

黑色代表着崇高与坚强，白色寓意纯真和清晰，两种色彩的碰撞，展现出不平凡的视觉效果，民族风的图案设计表现出复古的个性效果。

潮流垮裤

宽松的板型穿着更加舒适，明亮的色彩能让宝宝感觉更温暖，大口袋和英文字母的添加让整体更加时尚。

酷感牛仔裤

炫酷的黑色，总是能带给宝宝一份时尚与酷感。搭配衬衫与夹克，再配一双运动鞋，略带些休闲与动感，同时又非常轻松舒适。

雪花长裤

小碎花元素，打造一份田园的清新感，明亮的蓝色，更能给人一种清爽舒适的视觉效果。选择一双休闲鞋，演绎十足的轻松自在感。

藏蓝色长裤

简洁的款式，非常百搭。没有过多的装饰，也不需要繁杂的装扮，选择一件休闲的夹克，就能很好地打造出休闲利落的风格。

金属拉链长裤

精致的拉链彰显一份高贵感，舒适的面料让宝宝穿着更舒适，整体彰显出奢华与高雅的气息。

彩虹长裤

丰富多彩的颜色像彩虹一样，非常抢眼，穿上它，让宝宝享受彩虹的美丽。

蕾丝靴子

↑有蕾丝点缀的靴子，淑女气质十足。

花朵鞋子

↑小公主当然少不了一双漂亮的鞋子，无论是带花朵的公主鞋，还是带蝴蝶结的布鞋，每一双都那么可爱，让人爱不释手。

卡通鞋

↓亮丽多彩的颜色很漂亮，卡通娃娃的点缀则让鞋子充满了童趣。

格子毛毛靴

流行的格子元素也被运用到靴子上了，这款靴子保暖性超强，适合在寒冷的冬季穿。

豹纹靴

冬天需要一双温暖的靴子来保护宝宝的小脚丫，这双豹纹靴子，内里是满满的短绒毛，非常舒适，天气冷的时候，给宝宝穿一双羊绒袜就很暖和了。

帆布鞋

简单的帆布鞋穿脱很方便，很适合小宝宝穿。

笑脸靴子

这是一双很可爱的靴子，大大的笑脸让人看了也忍不住笑起来，非常适合下雨的天气穿着。

高帮凉鞋

漆皮的面料很有质感，看上去非常时尚，搭配裙子或长裤穿都很合适。

帆布鞋

休闲柔软、简洁自然的设计带给宝宝的小脚科学舒适的生长发育空间。

百搭款粉色休闲鞋

↓宽敞的鞋头能让宝宝的脚趾保持自然发育的状态，粉粉的颜色很好搭配衣服。

小公主的红舞鞋

大红色的鞋子像一团火一样，很有活力，用来搭配淑女款的衣服都很好看。

毛茸茸的鞋子

这双可是小公主们特别喜欢的鞋子，毛茸茸的内里穿上去很舒服，大气典雅的颜色也能很好地衬托宝宝的气质。

亮皮淑女鞋

搭配这两双亮皮的鞋子会让宝宝更有淑女范儿。

小兔鞋

这双适步鞋很适合小宝宝穿，鞋子的底非常柔软，穿脱也很方便，可爱的图案可是宝宝的大爱。

运动鞋

给宝宝选择一双运动鞋可是很关键的，轻巧而又舒适的鞋是首选。

亮布鞋

很休闲的一款鞋子，搞怪的图案会给宝宝带去更多好心情。

笑脸马丁靴

很潮的马丁靴，拼布和笑脸图案的设计打破了原有的沉闷，搭配简单的休闲装就能轻松打造出时尚感。

淑女靴子

大气而典雅的颜色，靴子上大大的花朵装饰显得很甜美。

亮皮靴子

亮皮的材质很有质感，鞋子保暖性很强，防滑底的设计即使下雪天也不用担心打滑了。

第4章 四季美衣

大 / 公 / 开

韩式毛绒装

低调而大气的灰色上衣，最特别的是手臂上的毛绒设计，为了不显单调，妈妈给宝宝搭配了一条复古的围巾，再搭配同色系的打底裤就很完美了，一双暖暖的雪地靴可以很好地保护宝宝的双脚，稍微冷一点的天气外出，无论搭配什么样的外套都很好。

春秋美衣

在不同的季节里，对幼儿衣着的要求也不同。幼儿年龄越小散热越快，因而穿着要暖和些。夏季天气炎热，不仅要少穿，而且衣料及式样还要通风透气。冬季服装虽然由多层组成，但在室温能保持恒定的情况下，应当分室内服装和室外服装，也就是说室内和室外不能穿一样多，否则容易引起感冒。 这个部分主要为大家介绍宝宝在应对四季不一样的天气时该怎样正确地穿衣服。

春天是个迷人的季节，有温和的暖阳，有和煦的春风，有冒芽的小树，有嫩绿的小草，还有彩色的小花和盘旋鸣唱的小鸟。在万物复苏的春光里，妈妈们千万不要以为被厚重衣物包裹了整个寒冬的小宝宝也可以马上让身体脱离厚重自由复苏，暖暖的春风也是有寒意的，因此在春天里，宝宝们的衣服还是要以保暖为主。

秋天，树上的叶子一片片落下，森林里那一望无际的林木都在渐渐光秃，天气也慢慢变凉了。所以，妈妈们也要给小宝宝准备好保暖性好的衣服。

田园碎花清爽套装

↓春季郊游踏青当然也要准备一套田园风格的服装，碎花的元素与自然的风景一致，淡淡的绿色像是刚刚发芽的小草，红色的鞋子似一朵绽开的花朵，告诉着宝宝们春天的美丽！

田园碎花撞色套装

↑给宝宝换上一条红色的打底裤，强烈的撞色感就出来了，与之前那套的清爽感觉完全不同。

调皮小女生套装

←红色的呢子裙，内搭灰色小花的打底衫，加上流行的豹纹元素围脖，可爱又活泼。

气质潮人套装

↓简单的红色马甲裙，搭配同样简单的小碎花打底衫，气质高雅，再搭配一双亮色的毛绒鞋子，让宝宝立刻变身时尚潮人。

学院风套装

→一款学院风格的外套，背后设计了一个别致的小书包，让宝宝看上去很有学院的感觉，搭配一条带蝴蝶结的围巾，起到了完美的装饰效果，红色的波点蝴蝶结鞋子与整体装扮相呼应，更是点缀出一份甜美优雅的学院派风格。

↓层层叠叠的蛋糕裙，让宝宝像一只小天鹅一样，蝴蝶结和袜套的点缀，给整套装扮提色不少。

可爱毛绒套装

↑简单的白色与咖啡色的拼接，让衣服充满了可爱气息，给人一种温暖亲切的感觉。

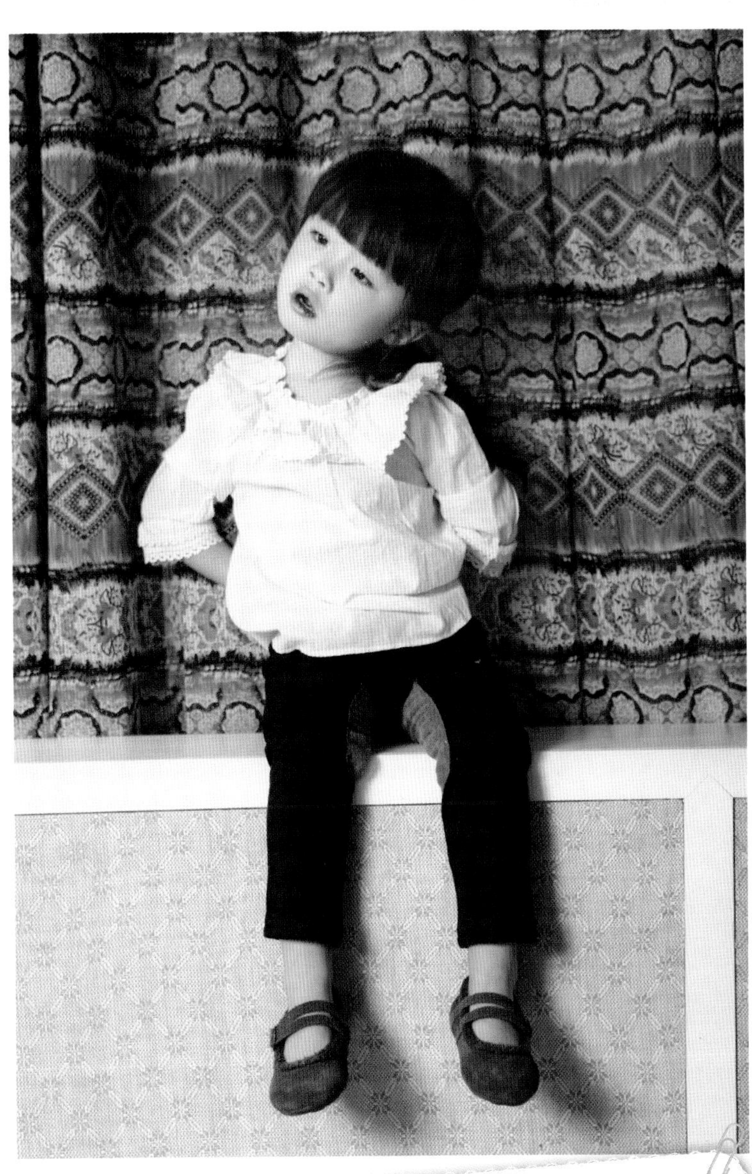

日系小可爱套装

↓马甲是最易搭配的衣服之一，也是最常见的，但想要穿出可爱的感觉也不容易。妈妈给宝宝搭配上波点的打底衫，粉色毛茸茸的裤子，再加上一双带有大大花朵的鞋子，小甜妞出场了。

春日装扮

↑跳跃而明亮的黄色最适合春季穿着了，充满活力的黄色给人一种活泼与活力气息。搭配上一条素色长裤和咖啡色的鞋子，简单而又清爽，打造出春季的一处亮点。

夏天到了

炎炎夏日将至，伴随着气温的逐日爬升，小宝宝身上的衣服也在逐件减少，漂亮的裙子和T恤开始大行其道了。想要给宝宝穿得既漂亮又健康，爸爸妈妈们还应该特别注意以下几点：

误区1：夏天给宝宝穿黑色衣服最防晒。

纠错：夏天穿红色衣服最防晒，如果再戴一顶遮阳帽就更能保护周全了。这是因为红色光波长最长，可大量吸收日光中的紫外线。而其他颜色就相对较弱，所以夏天穿红色衣服能阻止紫外线，防止皮肤被晒伤。

误区2：夏天剃光头、不带帽子最凉快。

纠错：许多父母让幼儿的头部裸露着，认为光头更凉快，其实这样是不对的。带孩子外出时，最好戴一顶透气性好的遮阳帽，既可以挡住强烈的日光照射，使眼睛和皮肤感到清凉舒适，还能防止中暑。

误区3：夏天穿小背心、吊带裙更凉快。

纠错：皮肤娇嫩的宝宝，最好不要穿着太暴露的衣服暴露在阳光下，因为他们皮肤里用来遮挡紫外线的黑色素细胞发育还不够成熟。外出的时候，宝宝如果长时间穿着过于暴露的服装，可能会使皮肤晒黑、晒伤。另外，当温度超过35℃的时候，宝宝穿得过少，非但不会感到凉快，反而觉得更热，还容易中暑。

可爱花朵衫

↓近几年的衣服很流行花朵，我们的小宝宝当然也要拥有这样的衣服。大片花朵的娃娃衫，只要搭配一条糖果色系的打底裤就好了。

甜美镂空衫

↑草绿色蓬蓬纱裙外罩一件粉嫩镂空衫，立刻就从“小精灵”变成了甜美小公主，既活泼又可爱。

小可爱套装

↓其实小宝宝是最可爱的，“清水出芙蓉，天然去雕饰”。所以，一件浅灰色的T恤，搭配一条明黄色的蓬蓬裙打底裤，我们的小可爱就正式登场了。

小碎花套装

↑可爱而甜美的小碎花图案清新自然，很好地诠释出一份田园的气息。选择一条可爱的蓬蓬裙作为搭配，更能突显出优雅小淑女的风范。

百搭款公主裙

炎热的夏天，宝宝的衣橱里怎能缺少纯白色的雪纺裙，如梦幻般的公主裙，想必是每个妈妈都会给宝宝准备的。

绿色纱裙

↑草绿色的蓬蓬纱裙给人一种绿野里的“小精灵”的感觉，同时也很衬肤色，搭配棕色短袜和圆头鞋，真的很像童话故事里的“小仙女”。

白色蕾丝裙

↓高领的蕾丝裙也是小公主的不二选择，纯净的白色像征着宝宝的纯洁，搭配一条枚红色的打底裤，既高贵又不单调，再戴上一顶小草帽，就可以和小伙伴出游去了。

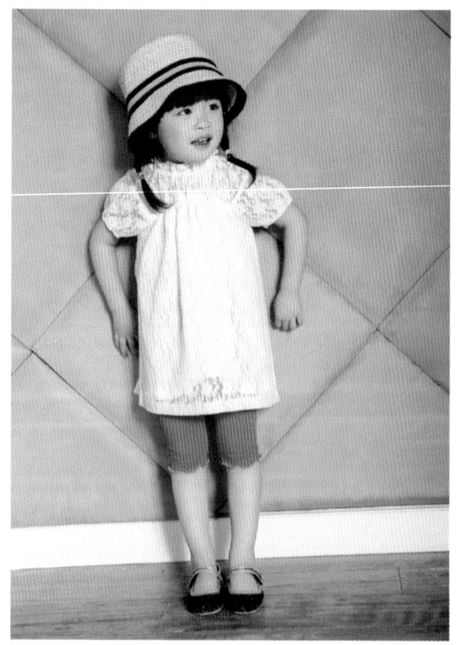

蓝色花朵袖裙子

大花朵似的蓬蓬的袖子，更能彰显出公主的气质，胸口的亮片设计，低调而又抢眼，同时也体现了整体的美感，初夏季节穿是不错的选择。

柠檬黄加厚棉衣

面对凛冽的寒风，一件加厚的保暖棉衣是必不可少的，柠檬黄的颜色看上去很活跃，最特别的是帽子上的“小耳朵”设计，让宝宝看上去像个小精灵。搭配上糖果绿的加厚款保暖裤，两色的糖果装甜美无比。

冬天，像一位美丽而高贵的公主，舞动着她那神奇的面纱，送来阵阵凛冽的寒风，我们的小宝宝也要马上换上保暖的衣服了，厚马甲、厚毛衣还有羽绒服通通登场了！

在穿衣的整体要求上，要给宝宝穿着柔软而舒适的纯棉内衣、厚质 T 恤及棉质长裤。如果十分寒冷，可改穿纯棉针织内衣加毛衣。宝宝的运动量多于成人，跑跑跳跳比较容易出汗，千万不可以穿得过多，否则更容易造成宝宝感冒。而且还要考虑到有暖气的房间与户外的温差，这样才能更好地调节衣物。带宝宝到户外游戏时，必须准备手套、帽子、大衣，以防冻伤。为宝宝买新衣时，别忘了买一顶温暖舒适的帽子，出门时给他戴上，可以起到保暖的作用，防止被风吹后受凉感冒，对减少全身热量的散发也很重要。

寒冬袭来

豹纹大衣

↓豹纹是今年最为流行的元素之一，将那种野性的气魄美转移到童装上，演变成高端的品质感。胸前的蝴蝶结彰显了宝宝的甜美，两种风格的交融，展现着整件大衣的高贵气质。

流行混搭套装

↑卫衣、马甲和哈伦裤、短靴的融合显得帅气十足，而裤子上的前置口袋于帅气中为宝宝增添了一丝与众不同的个性色彩。

粉色毛绒大衣

毛茸茸的大衣可是宝宝的大爱，穿上这件大衣，小嘴都笑得合不拢了。这件甜美的韩版大衣，领口的糖果绿色蝴蝶结和袖口的外翻给衣服添色不少，让整个大衣不再单调。

驼色毛呢大衣

←驼色韩版毛呢大衣甜美而高贵，华贵的毛领，具有十足的大牌风范，轻松搭配出高雅气质感，靴子上的花饰与头饰让宝宝看起来更具“公主范儿”。

圣诞装

↓“叮叮当，叮叮当。”圣诞老人来了，我要穿上我的圣诞装，去看看圣诞老人有没有从我家的烟囱给我送礼物来。

休闲保暖套装

↑灰色纯色衬衣加黑色牛仔裤，自然而休闲，搭配渐变色条纹棉马甲与手绘布鞋，在沉稳中注入活泼的元素，将休闲气息发挥到极致。

中长款棉衣

↓简约却不简单的中长款式，彰显出潇洒自然的感觉。搭配上蓝色的小绒球围巾，更显得童趣感十足，温暖的色彩，在寒冷的冬季带来无限温暖。

粉色猫咪卫衣

这款中长款的卫衣，内里是温暖的绒毛，极具时尚风范，猫咪图案元素，慵懒中又带点小可爱，打造出一份别有的味道，这个寒冬让温暖与美丽兼备。

第5章

为美丽加分

的/时/尚/小/饰/品

布艺发卡

很可爱的一些小发卡，无论是小花造型，还是蝴蝶结，又或者是动物造型，每一样都让人爱不释手。

毛绒发卡

毛茸茸的发卡，不仅摸上去很舒服，软软的，戴上它，让宝宝随时走在时尚的前沿。

蝴蝶结

孩子的美是天生的，无须过多的装饰，一个笑脸就已经是最美的。虽然是一身素净的装扮，点缀上一个发卡，整个人就闪亮起来了。

花朵发卡

大大的花朵发卡会让宝宝更加甜美，无论是搭配裙子还是裤子，甜美的气质自然就出来了。

波点蝴蝶结发卡

各种颜色的蝴蝶结发卡，添加了波点元素，在甜美中又增添了大方和俏皮的感觉。

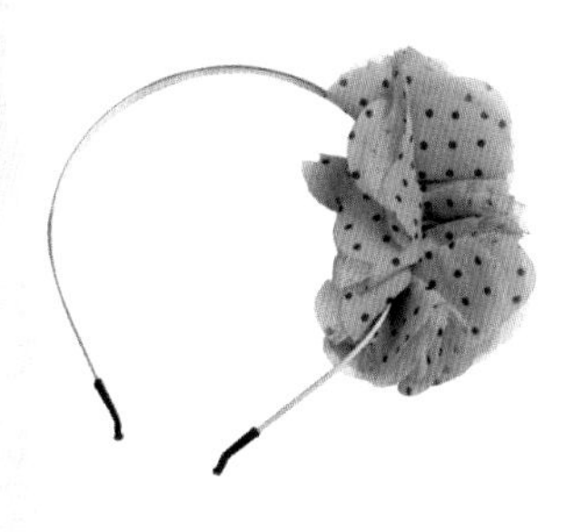

蓝色大花发卡

这款发卡可是公主们的大爱呢，戴在头上，随风走动的时候，像有很多只蝴蝶在发间飞舞，很漂亮。

多层纱发卡

一层又一层的纱制成的发卡，给人一种朦朦胧胧的感觉，就像梦幻的公主一般。

蕾丝蝴蝶结发卡

蝴蝶结的发卡是每个女孩必备的配饰，无论在什么场合、什么季节都很适用。

米色水钻发卡

米色是一个很优雅的颜色，大大的蝴蝶结会随风飘动，很有仙女范儿。

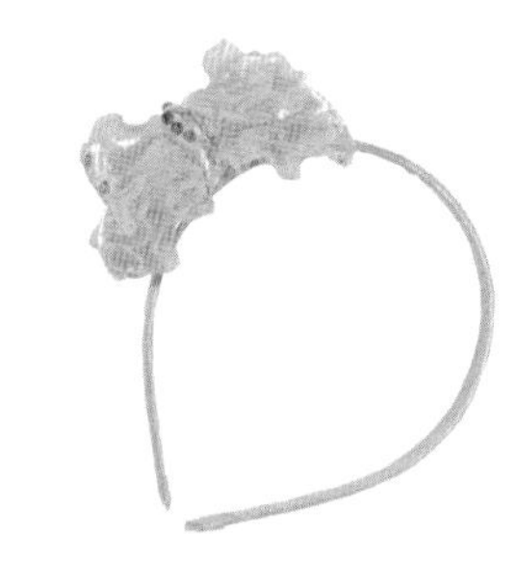

粉色亮钻发卡

蕾丝从来都是公主们不二的选择，将粉色的蕾丝运用到发卡上，搭配任何淑女气质的衣服都超级甜美。

圆点蝴蝶结发卡

柔美的绸缎发卡，闪耀着高贵的光芒，如此漂亮的发卡，宝宝必备。

丝带发卡

长长的丝带发卡，很像仙女的感觉，简约却又不失大气。

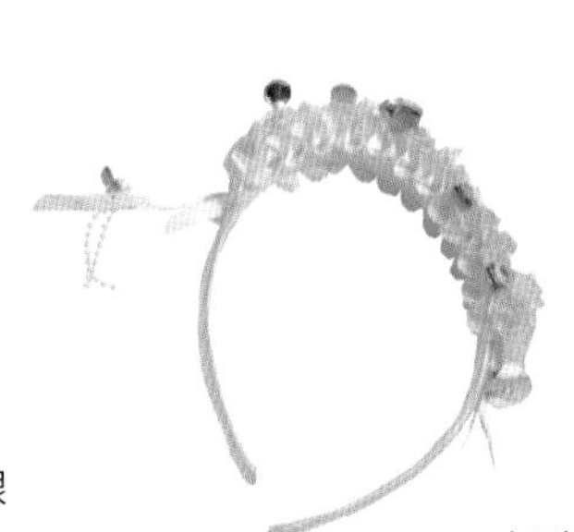

大水钻发卡

发卡上有大大的水钻，无论走到哪里都很抢眼，搭配上美美的裙子会让人眼前一亮。

淑女款发箍

发箍采用粉色的材质制成，在阳光的照耀下，和宝宝粉嫩的皮肤一起散发出迷人的光彩。

很淑女的款式，珍珠和水钻的点缀让整个发箍显得华贵无比。无论是浅粉色还是咖啡色，每一款都很美。

←这款欧美风紫色发带，采用纯色亚麻线手工钩织而成，搭配齐齐的刘海和紫色大花，彰显大牌范儿。

粉色蝴蝶结发带

→采用柔软舒适的网纱刺绣面料，漂亮又舒适，简单的同材质双层蝴蝶结更显俏皮，橡皮粉色可爱又不俗气。

大红色螺纹花发带

↑超萌的一款带刘海的发带，深得妈妈心，发带黑色部分为水溶刺绣，配上中间大红色螺纹带，强烈的颜色对比，美轮美奂。

彩带发带

↑今季最流行的韩国复古风，发带采用超宽的精致韩国彩带制成，搭配柔软的长发韩味十足，即使是头发比较少的小宝宝，也能搭配出不同的可爱风格。

五彩复古发带

↑欧美复古风格的一款发带，整条发带由超精密的刺绣、亮片和手缝亚克力配件装饰而成，五彩的颜色搭配金色亮片，低调中彰显奢华品质。

百搭款发带

↑这是一款简约又超级百搭的蝴蝶结发带，基本是每个宝宝人手一条的必备之选，整条发带的带子都是用超弹力的天鹅绒带制成，不受宝宝头围的限制，0~6岁的宝宝都可以佩戴，由黑色硬植绒网包裹高密度玫粉精缎布料制作而成的超大蝴蝶结装饰，够酷，够潮，够范儿。

超萌的蝴蝶结发带

←和百搭款发带类似，只是材料有所不同，而且更适合搭配不同风格的服装。

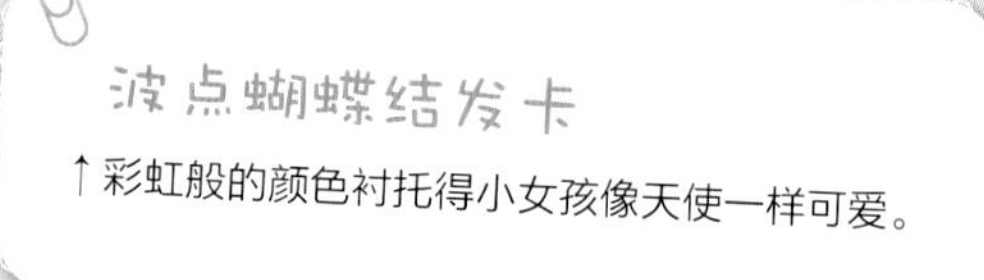

波点蝴蝶结发卡

↑彩虹般的颜色衬托得小女孩像天使一样可爱。

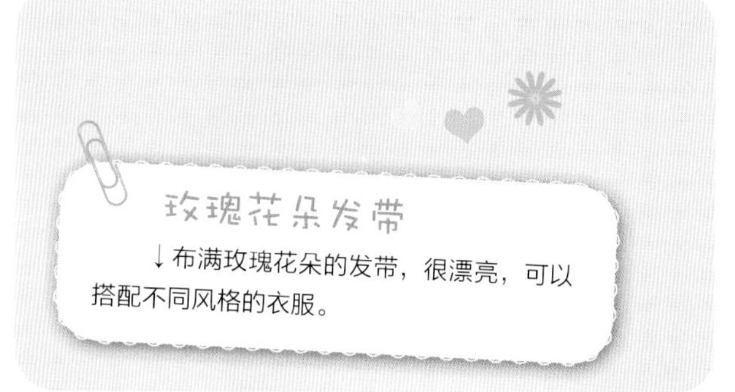

玫瑰花朵发带

↓布满玫瑰花朵的发带，很漂亮，可以搭配不同风格的衣服。

网状蕾丝发带

↓蕾丝的材质超有质感，让整条发带显得更加华贵。

淑女款发带

↑超级淑女的款式，牛仔布料配上长长的头发，带这样一款发带上街，回头率一定是百分之百。

风琴款发带

↑此款发带后面是系带子的，田园风十足，是今年的流行装扮。

简约蝴蝶结发带

←发带采用棉布刺绣搭配缎带、纱带制成的蝴蝶结，淡淡的粉色极其甜美风，是小公主必选的款式之一。

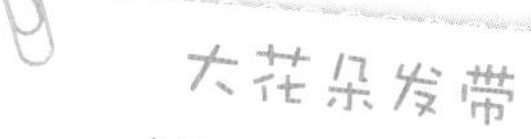

大花朵发带

←深红和黑色相间的大花朵发带，聚会首选，发带是很有质感的水溶厚款布料，不会让花朵有重重的感觉。

淡雅款发带

→此款发带比较特别，除了颜色是比较淡雅的藕荷色外，更是配以发带布料手工制作而成的花朵，大气而不张狂。

奢华羽毛发带

↑红色羽毛花朵设计，低调而奢华，美妞必备款。

民族风发带

↓棉线发带，亮点在于发带中间的复古手工串珠，所有珠子都是手工缝制的，给宝宝带来别样的民族风情。

大红色发带

↑大红色发带是宝宝饰品盒里不能缺少的一件单品，新年或聚会都少不了这样一件喜庆的配饰，微斜的齐刘海，加上大大的蝴蝶结，宝宝就是聚会的焦点。

优雅款发带

→棉线发带的代表作，蝴蝶结配小小的淡粉色小花，整齐的刘海和小辫子，戴上它，尽显宝宝的淑女范儿。

帽子

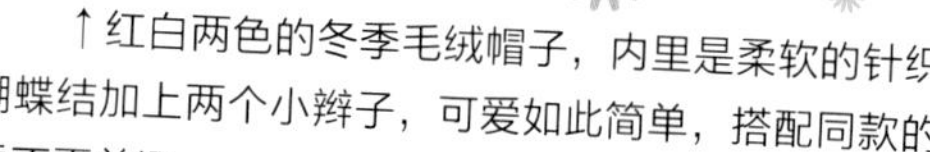

冬款毛绒帽

↑红白两色的冬季毛绒帽子，内里是柔软的针织布，盘花相间大蝴蝶结加上两个小辫子，可爱如此简单，搭配同款的毛绒围巾，让冬季不再单调。

粉色花朵帽

↓咖啡色帽子配上两朵大大的粉色花朵，是一款超有气质的帽子。

春秋款花朵帽

↑多种颜色的蕾丝，配针织棉内里，大大的花朵，让春天早点到来，此款是大堆堆帽，带上效果超级棒。

夏季大帽檐草帽

↓大大的帽檐是亮点，帽檐上围配白色精美刺绣蕾丝，粉色款搭配同款蕾丝制作的3层立体大蝴蝶结，绿色藤条花朵装饰一周；白色蕾丝上配酒红色蝴蝶结，搭配红格子棉布水溶刺绣小花装饰帽子一周，干净大方，是炎炎夏日必不可少的一顶草帽。

春秋镂空钩织帽

↑此款为春秋款式，用凉爽的亚麻线精钩而成的渔网帽，配上大大的另类颜色花朵，搭配大裙摆的波西米亚风格裙或者颜色鲜艳的小纱裙都是不错的选择。

奢华皮草大毛球帽

↓整个帽子都是用兔毛编织而成的，两边垂下的大兔毛球分量十足，搭配宝宝皮草大衣，十足的欧美大牌风范。

兔毛贝雷帽

↑此款兔毛贝雷帽可谓火遍网络了，小麻豆屡次出镜都带过此款，人气超高，搭配起来超有范儿，配上此款扣子围巾，更是绝配了，帽顶的兔毛球很有冬天的气息。

菠萝帽

↑这款帽子比较常见，但确实是冬季保暖的好帮手。

黑色毛线帽

↓黑色帽子戴上绝对够酷，搭配大大的浅米色兔毛粗线条，酷感十足。

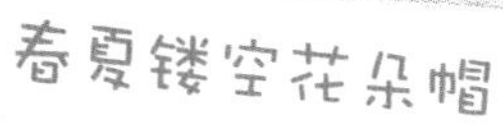

↑此款为春夏款式，凉爽的亚麻线配上大大的黄色花朵，搭配波西米亚风格裙是个不错的选择。

贝雷帽

→手工编织的多色贝雷帽，是这几年一直比较流行的款式，搭配木扣的小围巾，给宝宝无尽的冬日温暖。

冬日阳光款

↑毛绒增添冬季厚重感，只看一眼都觉得很温暖，纯净白色搭配橘色绿叶大花贴，更能凸显宝宝的白净可爱，搭配同款脖套，给宝宝带去寒冬里的一丝暖阳。

毛线花朵帽

↓毛线钩织花朵的帽子，帽子为双层，外层是超细线纺织的弹力镂空底布，内层是柔软毛绒，舒适又保暖，寒冬HOLD住！

纯手工蕾丝淑女帽

大大的蕾丝手工花朵帽子，双层更保暖。

白色边框墨镜

夏季想要出游，墨镜可是必备的单品，大大的墨镜可以阻挡阳光，避免小宝宝的眼睛被强烈的太阳光灼伤。

眼镜

酒红色太阳镜

帅气的装扮怎能少了太阳镜的装饰呢，和衣服颜色相近的太阳镜，让宝宝更具大牌范。

第6章

看我1分钟

大/变/身

1 分钟速变身

藏蓝色学院风马甲裙

这件藏蓝色的马甲裙可是百搭款，春暖花开的时候，妈妈给宝宝在里面加上一件打底衫，再套上一条紫色的稍厚一点的打底裤，既温暖又凸显了宝宝的可爱，而且，衣服柔软贴身的的面料也会让宝宝穿着的时候更舒适。在天气稍凉的时候，给宝宝搭配上一件卡其色的外套，可爱的宝宝就会立刻变得很淑女、很文静。

粉色蝴蝶结长裙

→粉粉的裙子衬托着小女孩粉嫩嫩的皮肤，让人忍不住想要去亲她。由于裙子比较素雅，如果妈妈想要让整体更甜美一点，那么，搭配上一件果绿色的蕾丝外套是很不错的选择，这样，咱们的宝宝就一下子从安静的小宝宝变身甜美小公主了。

粉色亮片长裙

↓我是可爱的萌妞，大家有没有被我萌到呢？甜甜的笑容可是我的招牌表情。其实我也想换一种风格，于是妈妈给我换上了一件条纹的外套，加上颇有军装风情的帽子和马丁靴，你们还认识我吗？

白色娃娃衫

→清纯如邻家女孩的装扮，也可以在瞬间变身可爱小淑女。妈妈给宝宝加了一件藏蓝色的外套，肩膀上蓬蓬元素的设计和衣服上的小巧蝴蝶结，结合内衫的大蓬蓬下摆，甜美无敌，穿上这样的衣服，让一向活泼好动的宝宝瞬间安静下来，显得文静了很多。

红色马甲裙

←呵呵，戴上大大的眼睛，宝宝像不像一名很有学问的老师呢?

↓换下藏蓝色的针织衫，妈妈给宝宝穿上一件卡其色的蕾丝边外套，一下子就从原来的学院风摇身一变成了上班的小白领了，妈妈还很细心地给宝宝戴上了同样风格的丝带蝴蝶结头饰，完美搭配到每一个小细节。

蓝色开衫

白 T 恤、外套和牛仔裤的搭配，给人清爽利落的感觉。换成同色系的蓬蓬短裙和打底裤后，十分的卡哇伊，脚上的红色单鞋是整套装扮的亮点。

↓搭配上一件西瓜红的连帽外套，宝宝立刻变身邻家乖女孩，红与黄的暖色搭配，让人看了也会觉得很温暖。

军装衬衣

↑绿色衬衣搭配黄色哈伦裤和雪地靴，时尚酷感之余不失甜美，搭配上墨镜范味儿十足，你被电到了吗？

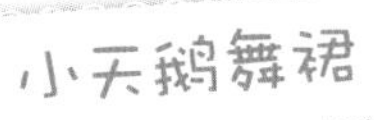

小天鹅舞裙

↓身着黑底白边蓬蓬裙，宝宝宛若一只小天鹅在翩翩起舞，像不小心闯入凡间的天使一样，优雅灵气。罩上一件棉袄后，宝宝立即沉静下来，甜美稳重，是个绝对的韩版小公主。

红色条纹衫

同样的条纹衫，搭配一条搞怪的卡通图案牛仔裤，让宝宝显得稚气十足，甜甜的笑容犹如天使一样；给宝宝搭配上简洁休闲款的长裤和鸭舌帽，宝宝像瞬间长大了很多，看上去很独立，会帮亲爱的妈妈做家务活了。

彩虹长裤

彩虹长裤与毛绒马甲的搭配，让宝宝看起来个性十足，像个小艺术家。没了马甲的装点后，安静下来的宝宝极具欧美乡村风情，淡雅朴素。

百搭款条纹蝙蝠衫

←这件针织的条纹蝙蝠衫可是百搭款，内搭浅色的仙女蓬蓬裙，整体看上去清新自然。给宝宝换上条纹T恤和裙裤以后，调皮中带着些许可爱，无论是去郊游还是逛街都很方便。

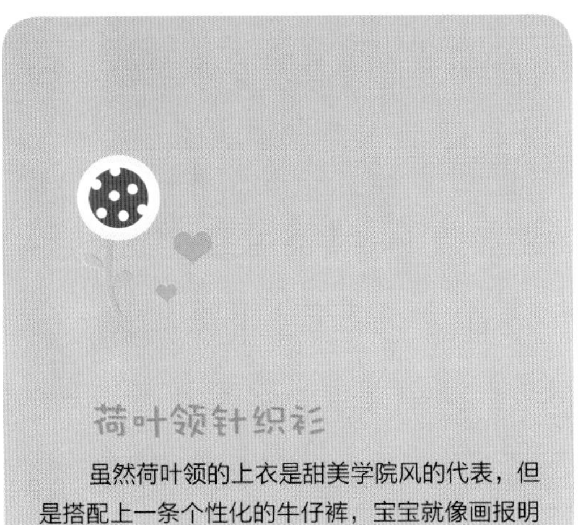

荷叶领针织衫

虽然荷叶领的上衣是甜美学院风的代表，但是搭配上一条个性化的牛仔裤，宝宝就像画报明星一样酷感十足，特别有范儿。给宝宝换上碎花半身裙后，立即化身邻家女，清新脱俗，可爱而平易近人。

粉色衬衣

清新可人的粉色衬衣搭配纯色的长裤，让宝宝看上去显得相当的大方，有点小白领的气质。天气稍凉的时候，搭配一件毛线背心，整套装扮柔美的线条和宽松的设计，随意又休闲，甜美得让你一眼就喜欢上她。

优雅大波浪长发

→大波浪头发，有着微卷外翘的刘海儿和洋气的发色，头发长度稍微及肩，时尚感一触即发。

俏皮可爱

↓两边的小辫子可以散开造型，但是扎起来更显俏皮，是春秋季节宝宝装扮推荐发型。

妈妈们可千万别以为光有好看的衣服就很美了，一款适合宝宝的好发型也是很重要的，它不仅能让宝宝更漂亮，也能更好地衬托出宝宝的气质，所以，妈妈一定要将装扮细节从“头”开始，根据宝宝的衣服和脸型等各方面因素，设计一款属于宝宝自己的发型。

百变发型

帅气 BOBO 头

↓此款是这几年一直比较流行的发型，搭配牛仔 T 恤很出彩，搭配各种公主裙也毫不逊色，也是一款百搭的发型。

时尚潮酷

↑这款发型像是有点爆炸感觉的玉米卷，随便搭配什么服装都很潮。

淑女百搭长发

↓这样一款长发不用多说，妈妈都知道怎么搭，可以简单搭个发箍，可以扎起一条或两条小辫子，可以在额头别个发夹，发型简约却不简单，随便就可配出多个造型。

小资OL

↑此款发型底边微微上翘，只要稍稍打理知性美便瞬息而至。

第1章

实用小知识

妈 / 妈 / 须 / 知 / 道

怎样保管、洗涤宝宝的衣物

1. 如何提防衣物产生的静电

在干燥的春季，如何避免静电危害？专家为大家支了几招：一是室内空气要保持一定的湿度，适当养些盆栽花草。二是对家用电器，如电视机、空调机等应接地线，最好不要用化纤材料的地毯。看完电视、用完电脑后要洗手、洗脸。三是建议给老人和小孩选择柔软、光滑的纯棉或丝制衣裤，以减少静电对身体的不良刺激。

2. 如何提防衣物变形

不同质地的衣物需要有不同的处理方法，全棉衣物也需柔顺护理，才能保证持久不变形。对于变硬变僵的衣服，通过添加衣物护理剂会让它们分外柔顺，这是妈妈们值得借鉴的。谨记！要让宝宝穿得舒适，而不要让宝宝迁就衣物！

3. 如何提防衣物上看不见的大量细菌

父母们总是希望宝宝穿得漂亮活泼，妈妈们总是热衷于为宝宝添置新衣，但是，一件衣服买回家之前，你知道它要经过多少人的手吗？

让我们一起来粗略地算一算吧！制作一件成衣需要经过剪裁、缝制、熨烫、检验、包装、运输等环节，一个流水线下来，衣服经过很多人的手，也沾上了无数的细菌。对于抵抗能力相对来说还较差的孩子来说，这些细菌将有极大可能造成皮肤问题，严重的甚至还可能引起腹泻或伤口感染。

宝宝娇嫩的肌肤，决定了他们的衣物应该特殊对待，在此，专家提醒家长们：宝宝的衣物应单独洗护，同时，对于新购买的宝宝衣物必须单独洗涤，充分护理后才能让宝宝穿上。

4. 如何让衣物恢复亮丽

衣服穿过以后，往往会出现变旧变差的问题，那么，妈妈们该怎么办呢，首先我们要了解衣服变化的原因，然后再去处理。

①衣物经洗涤后变得僵硬。这是因为衣物经过洗涤后，其中的纤维纠结在一起造成的。僵硬的衣物不仅失去了原本的质感，其粗糙的表面与宝宝皮肤长时间接触摩擦会很不舒服。在最后一遍漂洗衣物时可以添加一些专用的衣物护理剂，可以理顺衣物纤维，让其恢复柔软触感。另外，妈妈们还要记得经常把宝宝的衣物拿出来晒晒太阳，阳光中的紫外线能起到一定的杀菌作用，而且经过阳光的洗礼，衣服会变得松松软软的，宝宝穿起来就更加舒适了。

②衣服会变黄，多半是荧光剂变弱所致，想要衣物恢复洁白亮丽，就得想法子。

洗米水或橘子皮简单又有效：

保留洗米水或是将橘子皮放入锅内加水烧煮后，将泛黄的衣服浸泡其中搓洗就可以轻松让衣服恢复洁白。这种方法不但简单，也不会像市面贩售的荧光增白剂会对皮肤产生副作用且伤衣料，是值得一试的好方法。

③流汗产生的黄渍，用氨水去除：

流汗产生的汗渍是含有脂肪的汗液在布质纤维内凝结所致，在洗涤时加入约 2 汤匙的氨水，浸泡几分钟后，搓洗一下，然后用清水洗净，依照一般的洗衣程序处理，就可以将黄黄的汗渍去除。

洗衣小窍门集锦

1. 清洗白衣、白袜

白色衣物上的顽渍很难根除，可以取一个柠檬切片煮水后把白色衣物放到水中浸泡，大约 15 分钟后清洗即可。

2. 清洗衣物的怪味

有时衣物因晾晒不得当，会出现难闻的汗酸味，取白醋与水混合，浸泡有味道的衣服大约 5 分钟，然后把衣服在通风处晾干就可以了。

3. 对付衣服上的笔印

首先将酒精倒在衣服上的笔印上，每一道笔印上都要均匀地覆盖上酒精，酒精要选用浓度不小于 75%的医药用酒精。把衣服上倒了酒精的这一面向上放，尽量不要接触衣服的其他面，否则钢笔或者圆珠笔的印记颜色有可能会染到衣服的其他部分。

然后用普通的洗脸盆，准备好大半盆水，接下来将满满两瓶盖的漂白水倒在清水中，注意一定要是满满两瓶盖才行。倒好之后稍做搅拌，最后再加少许洗衣粉，这个量您可以自己掌握，之后也稍做搅拌，让洗衣粉能充分溶于水中。好了，现在将衣服完全浸泡在水里，时间是 20 分钟。等时间到了，清洗衣服，一点印记也没有了！

如果是圆珠笔痕迹而且痕迹较重，用上述方法后如果还有痕迹，只需要用牙膏加肥皂轻轻搓洗，再用清水冲净（严禁用开水泡）。

衣物沾到笔圆珠笔痕迹另外还有一个办法解决：那就是别急着把衣服下水，而是先用汽油洗一洗沾到的部分再洗。

4. 清洗衣服上的酱油渍

办法一：需要用到白糖。

首先把沾上污渍的地方用水浸湿，然后再撒上一勺白糖，用手抹开。我们可以看到一部分酱油迹已经沾到了白糖上，然后用水清洗，可除去污渍。

办法二：需要用到苏打粉。

将衣服浸湿后，在沾有酱油渍的地方涂上苏打粉，10分钟后用清水洗净，即可除掉酱油渍。

5. 清洗衣服上的油漆

衣服上蹭到油漆该怎么办呢？方法就是把清凉油抹到沾有油漆的部位，因为清凉油里所含的物质可溶解油漆，之后再冲洗干净即可。若沾上水溶性漆（如水溶漆、乳胶漆）及家用内墙涂料，及时用水一洗即掉。若尼龙织物被油漆沾污，可先涂上猪油，然后用洗涤剂浸洗，清水漂净。

6. 清洗草渍

您需要准备100g食盐，另外您还需要准备1000g清水。把盐和水倒入容器中，用手搅匀，将沾有草渍的衣服放入盆中，在盐水中泡10分钟。将衣服放在水中清洗，这时您会发现，轻轻松松就可以把顽固的草渍洗掉了。

7. 清洗染色衣物

在洗衣机里放入温水，加入84消毒液，半缸水加大约三分之一瓶消毒液溶解稀释，放入衣服，盖上机盖，漂洗大约25分钟，25分钟后捞出衣物，衣服晾干后，就回复原来的颜色了。

如果想避免衣服掉色，刚买回来的新衣服必须在盐水里浸泡，洗后要马上用清水漂洗干净，记得不要泡太久，也不要在阳光下暴晒，因为阳光会使染料变性，应放在阴凉通风处晾干。

8. 清洗血迹

①刚沾染上时，应立即用冷水或淡盐水洗（禁用热水，因血内含蛋白质，遇热会凝固，不易溶解），再用肥皂或 10%的碘化钾溶液清洗；

②用白萝卜汁或捣碎的胡萝卜拌盐皆可除去衣物上的血迹；

③用加酶洗衣粉除去血渍，效果甚佳；

④若沾污时间较长，可用 10%的氨水或 3%的双氧水揩拭污处，过一会儿，再用冷水强洗。如仍不干净，再用 10%～15%的草酸溶液洗涤，最后用清水漂洗干净。无论是新迹还是陈迹，均可用硫磺皂清洗。用搽手油涂抹在血迹上；停留 15 分钟左右，再用清水肥皂清洗即可。

9. 轻松洗掉衣物上的霉点

空气潮湿或换季的时候，洗过的衣服很容易长霉点，特别是白色的衣服，一旦长上霉点，是很郁闷的事情。没关系，对付这些霉点也有很多的方法。

①绿豆芽，把嫩嫩的绿豆芽放在霉点上，双手使劲搓揉，最后再用水清洗，哈哈，就这么简单，问题迎刃而解；

②衣物上的霉斑可先在日光下暴晒，后用刷子清霉毛，再用酒精洗除；

③把被霉斑污染的衣服放入浓肥皂水中浸透后，带着皂水取出，置阳光下晒一会，反复晾晒几次，待霉斑清除后，再用清水漂净；

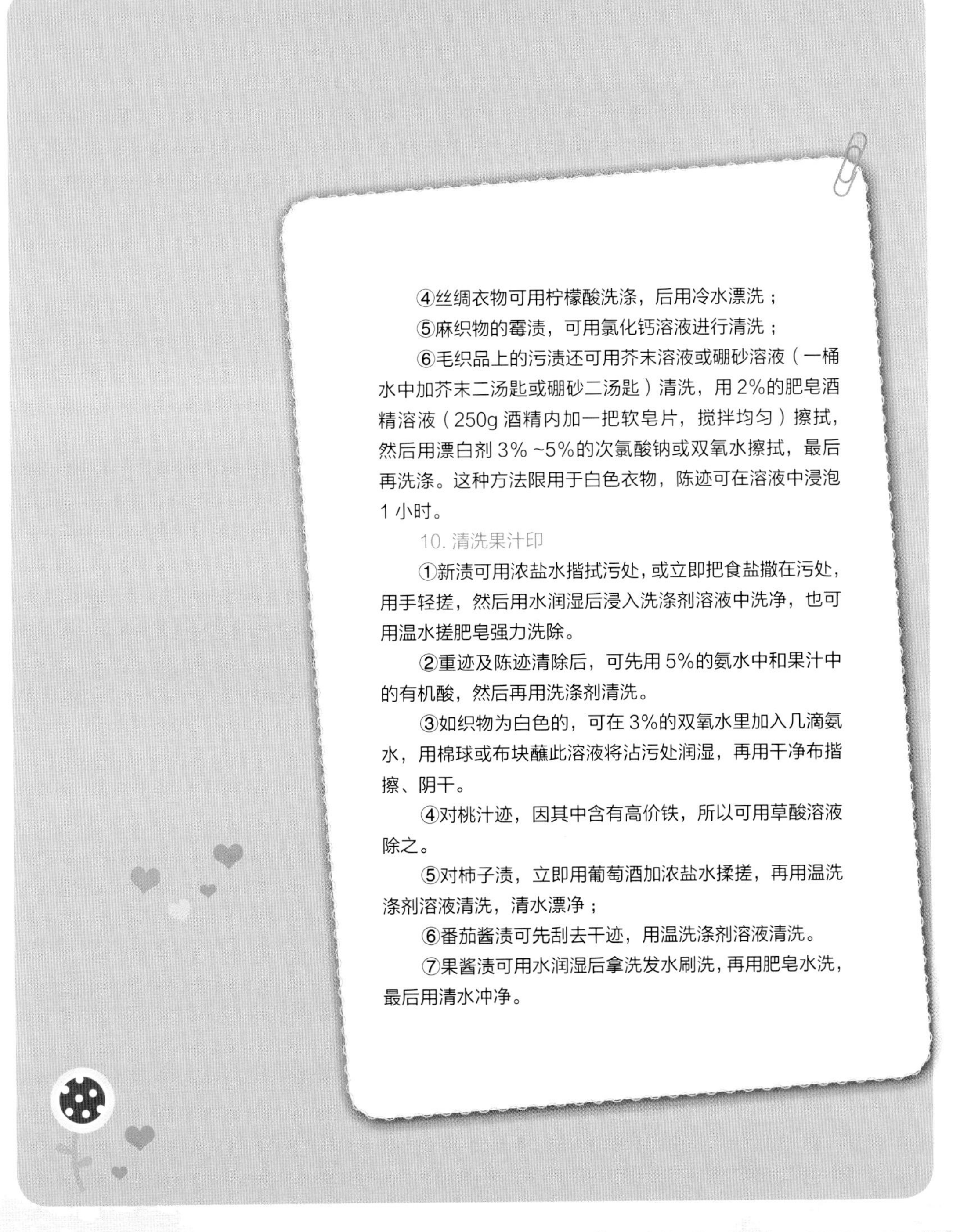

④丝绸衣物可用柠檬酸洗涤，后用冷水漂洗；

⑤麻织物的霉渍，可用氯化钙溶液进行清洗；

⑥毛织品上的污渍还可用芥末溶液或硼砂溶液（一桶水中加芥末二汤匙或硼砂二汤匙）清洗，用2%的肥皂酒精溶液（250g酒精内加一把软皂片，搅拌均匀）擦拭，然后用漂白剂3%~5%的次氯酸钠或双氧水擦拭，最后再洗涤。这种方法限用于白色衣物，陈迹可在溶液中浸泡1小时。

10. 清洗果汁印

①新渍可用浓盐水揩拭污处，或立即把食盐撒在污处，用手轻搓，然后用水润湿后浸入洗涤剂溶液中洗净，也可用温水搓肥皂强力洗除。

②重迹及陈迹清除后，可先用5%的氨水中和果汁中的有机酸，然后再用洗涤剂清洗。

③如织物为白色的，可在3%的双氧水里加入几滴氨水，用棉球或布块蘸此溶液将沾污处润湿，再用干净布揩擦、阴干。

④对桃汁迹，因其中含有高价铁，所以可用草酸溶液除之。

⑤对柿子渍，立即用葡萄酒加浓盐水揉搓，再用温洗涤剂溶液清洗，清水漂净；

⑥番茄酱渍可先刮去干迹，用温洗涤剂溶液清洗。

⑦果酱渍可用水润湿后拿洗发水刷洗，再用肥皂水洗，最后用清水冲净。

废弃旧衣服的妙用

现在的生活好了，人们对于物质的追求也就多了，可是家里的衣服往往越买越多，旧的怎么办？送人又拿不出手，再好也是旧的。扔了又太可惜了，怎么办呢？在这里我们教大家一些小妙招，小小的旧衣服可是有大用处的。

1. 外套可以做包

一般来说，外套的质地和颜色都不错，选布块比较大的，剪下两块（没有的话也可以几种颜色搭配缝合），先缝成个圆筒，再把底部缝上。再剪两根5cm宽、30cm长的带子，分别缝成两指宽的包带，再钉在包口。也可以钉在包外面，用东西加以装饰。当然，妈妈们也可以把它做成各种各样自己喜欢的形状，这样我们就可以用这个包去买菜了，既好看又方便，不用大袋小袋拎那么多，又为环保做了贡献，减少了白色污染。

2. 颜色鲜艳的衣服可以做小宝宝的围兜

小宝宝吃饭时总是会有汤汁顺着嘴滴下来，刚换的衣服就弄脏了，而且上面都是油，也不容易清洗。我们可以用小块的布给宝宝多做几个围兜随用随洗，既卫生又不影响美观。围兜的形状可以做成月牙形或方形的，月牙形的在两头缝两根带子，系在宝宝的脖子上。方形的可以在四个角上缝四根带子，两根系在脖子上，两根从宝宝的掖下系在身后，这样就不会歪了。

3. 棉质的衣服可以做抹布

棉质的布料吸水性很强，可以把衣服剪出你需要的大小，一般厚的用1~2层缝到一起，薄的可以多用几层缝起来，再在角上钉上一条绳子，不用的时候可以挂起来。考虑到卫生问题要先进行消毒，最好不要拿它洗碗，擦擦家具之类的还是很实用的。

4. 领子可以做发带

羊毛衫的领子剪下来，可以做女士的美容发带。一般的领子剪下来是刚好的，有些大一些的领子可以去掉一节再缝上，两个袖口拼接起来也可以做一个发带。

5. 袖子可以做套袖

这个基本不用改，只要把衣袖从袖口往上，剪下套袖的长度，把两头缝上松紧就 OK 了。

6. 套头的衣服可以做收纳袋

剪掉袖子和领子，把有洞的地方缝起来，再订上带子就成了一个包包，可以放换季的衣服或是袜子。

7. 裤子可以做门垫

把裤子剪成长方形，要是嫌薄，中间可以垫上夹层，剪好之后把它缝合在一起放在门口，我们进门时在上面踩一踩，脚上就干净了。还可以用棉质的做表面，放在厨房和卫生间的门口，可以吸我们鞋底沾到的水，这样客厅就不会弄脏了。

8. 旧衣服可以做拖把

把旧衣服剪成条状绑在木棍上就成了一把超级无敌实用的拖把了。当然，手巧的妈妈也可以将衣服重新改造，变成专属自己的一件独特衣服。我们可以充分发挥自己的想象力，这样既不会浪费一件衣服，又能很好地利用起来，赶快动起手来吧，别把资源给浪费了。